很生气，怎么办？
学会控制愤怒情绪

What to Do When Your Temper Flares
A Kid's Guide to Overcoming Problems with Anger

[美] 道恩·许布纳（Dawn Huebner） 著
[美] 邦妮·马修斯（Bonnie Matthews） 绘
汪小英 译

·北京·

What to Do When Your Temper Flares: A Kid's Guide to Overcoming Problems with Anger, by Dawn Huebner, illustrated by Bonnie Matthews.
ISBN 978-1-4338-0134-1
Copyright © 2008 by the Magination Press, an imprint of the American Psychological Association (APA).
This Work was originally published in English under the title of: *What to Do When Your Temper Flares: A Kid's Guide to Overcoming Problems with Anger* as a publication of the American Psychological Association in the United States of America. Copyright © 2008 by the American Psychological Association (APA). The Work has been translated and republished in the Simplified Chinese language by permission of the APA. This translation cannot be republished or reproduced by any third party in any form without express written permission of the APA. No part of this publication may be reproduced or distributed in any form or by any means, or stored in any database or retrieval system without prior permission of the APA.

本书中文简体字版由 the American Psychological Association 授权化学工业出版社独家出版发行。

本版本仅限在中国内地（不包括中国台湾地区和香港、澳门特别行政区）销售，不得销往中国以外的其他地区。未经许可，不得以任何方式复制或抄袭本书的任何部分，违者必究。

北京市版权局著作权合同登记号：01-2024-5569

图书在版编目（CIP）数据

很生气，怎么办？：学会控制愤怒情绪 /（美）道恩·许布纳（Dawn Huebner）著；（美）邦妮·马修斯（Bonnie Matthews）绘；汪小英译. -- 北京：化学工业出版社，2025.2. --（美国心理学会儿童情绪管理读物）. -- ISBN 978-7-122-46899-4

Ⅰ. B842.6-49

中国国家版本馆CIP数据核字第2024UD3330号

责任编辑：郝付云　肖志明　　　　装帧设计：大千妙象
责任校对：赵懿桐

出版发行：化学工业出版社（北京市东城区青年湖南街13号　邮政编码100011）
印　　装：北京新华印刷有限公司
787mm×1092mm 1/16　印张6¼　字数50千字　2025年5月北京第1版第1次印刷

购书咨询：010-64518888　　售后服务：010-64518899
网　　址：http://www.cip.com.cn

凡购买本书，如有缺损质量问题，本社销售中心负责调换。

定　价：29.80元　　　　　　　　　　　　　　　　　　　　　　版权所有　违者必究

目 录

写给父母的话 / 1

第一章
掌控人生的方向盘 / 6

第二章
生气的秘密 / 12

第三章
生气能为你带来朋友吗？/ 22

第四章
火！火！/ 26

第五章
方法1：休息一下 / 30

第六章
方法2：冷静想法 / 38

第七章
方法3：安全释放怒气 / 48

第八章
方法4：解决问题 / 62

第九章
找出导火索 / 76

第十章
有人故意惹怒我，怎么办？/ 82

第十一章
加长导火索 / 88

第十二章
你能做到！/ 94

写给父母的话

放烟花了！这时我们总是争着跑出去看。一道亮光在夜空中爆开，绽放出七彩的烟花。我们屏住呼吸，期待着下一个、再下一个的精彩瞬间。我们凝望黑暗的夜空，观察着，等待着下一场绚丽的烟花。

我们站在草地上惬意地欣赏烟花，因为知道烟花爆炸的火星和碎片离自己很远。如果我们天天在家里看烟花，屋子里整天轰隆隆，四处都是爆炸声和火星，那感觉就不太好了。然而，那些发脾气的孩子带给家长的就是这种感觉。

如果您正在读这本书，可能是因为您家宝贝脾气有点大。也许孩子的怒气一点就着，哪怕因为一点小事就会爆发；也许孩子的脾气暴躁，容易出口伤人或者

动手打人；也许您看到孩子一直无法应对挫折，往往让情况变得更加糟糕，与亲人和朋友逐渐疏远。

您的担忧是可以理解的。脾气火暴的小孩子不会像变魔术一样自己解决这个问题。遗传、性格、后天学习等因素结合在一起，决定了人的行为，导致了一个人容易发怒，这可能会伴随他一辈子。谁也不想让自己的孩子变成这样子。

尽管您希望有办法可以抑制或者制止孩子的愤怒，但是这本书并没有这样的妙法。生气其实是一种非常正常、健康的人类情绪，虽然生气会让我们不高兴，但是它确实是身体发出的警报，告诉我们出了问题。愤怒给了我们纠正错误所需要的能量。可是，您也要明白，生气有很大的副作用。怒气有可能来得很快，让我们瞬间失控；有可能是被误导的激情，以伤害别人的方式发泄出来。所以，虽然我们不想向孩子传递这样一个信息——不应当生气，但是我们确实想帮助他学会管理愤怒情绪，用具有建设性（而非破坏性）的方式表达情绪。

有些事情会让孩子感到愤怒，当他们不喜欢别人说的话或做的事情时，情绪砰的一下就爆发了，他们生气了！这本书会帮助孩子转换对愤怒的被动反应，教孩子从新的角度认识和思考愤怒情绪。此外，还给孩子提供了一套工具，帮助他们管理愤怒情绪，以比较得体的行为解决问题。

书中讲述的策略和技巧是以认知行为理论为基础。认知部分可以帮助孩子认识和控制自己的想法，行为部分则教给孩子一系列富有建设性的技巧和方法。我们的目标不只是简单地阅读如何管理愤怒，还要落实在行动上。因此，本书以孩子已有的知识、长处和兴趣为基础，让他们一开始就觉得自己能够实现目标。作者在介绍熟悉的概念时，会附带介绍一些新概念，并以循序渐进、简单有趣的方式教给孩子新的技能。此外，书中每一章都有适合孩子的练习。

在帮助孩子学习和使用书中的技巧的过程中，您的作用很重要。您可以花些时间先自己把书看一遍。如果预先知道目的地，也就是

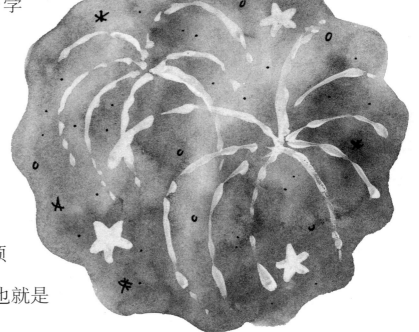

自己和孩子要去的地方，您会成为一个更好的向导。虽然孩子自己也能看这本书，但是跟家长（或另一个成人）一起看，他的收获会更大。和孩子一起集中精力阅读这本书，不要受其他事情的干扰。您可以和孩子轮流分段朗读，遇到写和画的练习时停下来，让孩子动手完成。

您肯定急着想让孩子学会控制愤怒，但是不能急于求成，让孩子匆匆地把书翻一遍。只有当孩子花时间领会书中的意思，练习书中的技巧，才能从中得到最大的收获。因此，要跟孩子一起慢慢读，一次只读1~2章，在读书的间隙，和孩子多用书上的语句聊天。跟孩子讨论书中的比喻，帮助孩子把它们与自己的实际生活联系起来。您也可以使用书中示范的幽默语言，注意要轻柔温和，确保孩子能够接受您的幽默和玩笑。学习要有耐心，要花时间和精力练习，才能掌握新技巧，熟练地运用它们。

您可以自己先练习帮助孩子控制愤怒的方法，这些方法也是书的主要内容。书中的所有技巧同样适用于大人。如果家中每个人都使用这些技巧，家庭生活会变得更加愉快、和谐。当孩子发脾气时，您或者其他家人难以保持冷静，那就要去找专业人士来帮您解决这个问题了。

孩子（还有成人）可以通过学习一些方法来管理愤怒：冷静下来，理智地思考，解决问题，继续前进。教会孩子这些技巧非常重要，因为自我控制良好的孩子更受同龄人的欢迎，在学业上更容易取得更大的成就，更容易与人相处，他们自己也更快乐，而您也会更快乐。这本书会帮助您的孩子将"烟花"转移到户外，让它们点亮夜空。

掌控人生的方向盘

你开过车吗？如果你说"是的，我开过"，那你说的可能是游乐场里的碰碰车，或是靠电池发动的玩具车，或是在屋子里玩的遥控汽车。等你长大了，你才可以学习开真正的汽车。

◎ 想象一下，你长大了，开着自己喜欢的汽车去兜风。这辆汽车是什么样的呢？在下面画出来吧。

开车很有趣，你要决定去哪里，并且要确保自己到达目的地。

但是，这也是个困难的任务。你需要一直集中注意力，还要掌握好方向盘；你转弯的时候要适度，不能拐得幅度太大，也不能拐得幅度太小；你要踩油门加速，但又不能开得太快；你还要避开周围的车辆，保持合适的车距；你还必须遵守交通规则，否则，你的车很容易就会失去控制，发生**撞车**。

碰碰车相撞很好玩，因为它们就是这么设计的。遥控车相撞也很有意思，尤其是那种能爬墙或翻滚的遥控车。

但是，要是开着真的汽车撞车了，可是一点也不好玩，既可怕，又危险，还会有严重的后果。这就是人们为什么要上驾驶课，考了驾照，才能开真的汽车。驾驶课的主要内容就是如何掌控好汽车。

我们的身体就像汽车，我们需要加燃料才能跑，需要保持清洁，还需要时不时做安全检查，而且我们也需要遵守种种规则，从而保障我们每个人的安全。

写一写，画一画。

你喜欢加的一种"燃料"。

保持身体清洁的一样东西。

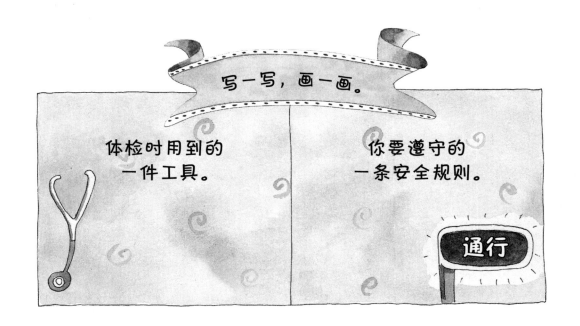

当你开车的时候,有时路上没有其他车辆,路也很直,你也清楚自己要去哪儿,在这种情况下,遵守交通规则并掌控好汽车就比较容易。

但是,有时候,车很多,路面凹凸不平,而且有很多弯道;有时候,你赶时间,或者有些疲劳,或者迷了路;有时候刮大风,或者雾气很重,或者天太黑,打开车灯也看不清前方的路况。

除了以上这些情况外，司机还会遇到各种情况，比如，情绪不好，手机响个不停，孩子在一边吵闹，其他车离得太近，或者被超车，遇到下雪下雨……但是一名优秀的司机知道，不管遇到哪些情况，他都要掌控好汽车。不然，就会出事。

你可能还要过几年才能开上一辆真正的汽车。不过，你现在就可以学怎样当个好司机。你可以自己练习。

没错，从现在开始，你就要坐在人生这辆车的驾驶座上，当自己的主人。

有时控制自己很容易，也很有趣。你可以决定大声唱歌还是小声唱歌，跳多高，或者从图书馆里借什么书。但有时候这并不好玩，比如，你不想遵守某些规则；有时候你想要一样东西，但却不能得到它；有时人们会做你不喜欢的事，说你不想听的话。

可是，你仍然是司机，你不是去掌控别人，而是管好自己的方向盘，掌控好自己的生活。你就像一个真正的汽车司机一样，所做的事情和选择决定了你会有什么样的旅途。

也许你的旅途充满了艰难险阻，让你很难掌控好手中的方向盘；也许你遇到问题就会火冒三丈，想要保持冷静最后却大发脾气。不过，你猜会怎么样？用不了多久，你就不会是这样子了。

如果你想掌控好自己的生活，即使在困难的时候也能控制好自己，那么这本书对你就很有帮助。它将教你如何避免撞车，到达你想去的地方。

生气的秘密

每个人都有生气的时候。事实上,生气是一种很常见的情绪,我们用各种各样的词语来描述它。下面的词语都是描述生气的,你还能再想出更多类似的词语吗?

想一想生气会带给我们什么感觉。你可以做出生气的表情来帮助你进入情绪中,试着把真实的感觉带入身体。生气的感觉不太好,是不是?

现在想一想,别人对你发火时的样子,这种感觉是不是也不太好?事实上,当你仔细想想的时候,你会认为我们应该避免生气。

但实际上,生气是一种正常的情绪反应。我们的身体用这样的方式表明,我们不喜欢眼前发生的事情。

问题是,生气会愈演愈烈。

它会让一些难听的话脱口而出,而我们并不想那么说;它让我们做出一些极端的事情,或者我们冷静时不会做的事情,而我们并不想那么做。怒气太大会让事情变得更加糟糕,让我们陷入许许多多的麻烦之中。

想一想最近让你生气的事情，比如，学校和家里有没有让你生气的事情，你的兄弟姐妹或者好朋友有没有跟你闹矛盾，有没有你很想要却没有得到的东西，有没有让你生气的话或者行为，你最近一次跟爸爸妈妈发脾气的场景。好好想一想，把让你生气的事情列在下面。

让我生气的事情

你是不是写出了很多让你生气的事情？大多数孩子都会写很多。原来很多事情都会让你生气。

但是生气有一个秘密。当你遇到问题时，这个秘密会阻止你暴跳如雷，让你不至于太生气。你一旦知道了这个秘密，你的火气就不会那么大、那么吓人，你也不会惹出更多麻烦。（其实，很多大人也不知道这个秘密，所以他们也总是生气。）

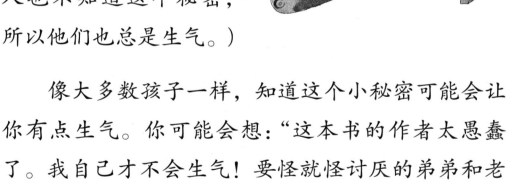

像大多数孩子一样，知道这个小秘密可能会让你有点生气。你可能会想："这本书的作者太愚蠢了。我自己才不会生气！要怪就怪讨厌的弟弟和老师，怪姐姐霸占了电脑……"

不过，请坚持往下读，做个深呼吸，然后拿出一支笔。你将学到一些非常有趣的东西，它们甚至可能改变你的生活。

◎ 画一个人（不要画你）从盘子中拿走了最后一块饼干。

这会让你生气，对不对？你会怎么想？

◎ 在下面的空白处写下自己的想法。

◎ 把上面的表情图画完整，要表现出你此刻的感受。

可是，如果你这样想：

如果你这么想，你会有什么感受呢？

◎ 把上面的表情图画完整，要表现出你此刻的感受。

你看，让你生气的并不是发生了什么事情。面对同样的事——最后一块饼干让别人吃了，你对这件事的想法会让你生气，也会让你觉得没什么大不了。所以，你的想法决定了你的感觉。

让我们再来看一件事。

下周学校放假，老师担心你们的学习进度，所以，这一周的拼写作业，她留了30个单词，而平常她只留20个单词。你会如何看待这件事情？哪些想法会让你生气？

◎ 把让你生气的想法写下来。

现在，还是这件事情，让我们换个想法。

你觉得哪些想法能帮助你完成多出来的10个单词？

✎ 把你的一个想法写下来。

所以，让你生气的并不是发生的事情，而是你对事情的想法决定了你的感受。

现在，你已经明白，遇到什么事情是你无法控制的。别人怎么说、怎么做也并不需要征求你的同意。比如，你参加泳池聚会时，刚好下雨了；你玩牌时输了；在学校有人嘲笑你。这些事情都是你无法控制的。

但是，**你可以控制自己的想法，你的想法决定了你的感受**。如果你改变自己的想法，就可以改变自己的感受。如果你不想再做一个遇到不如意的事就生气的小孩子，你要做的就是远离那些让你生气的想法。

很多孩子已经学会了这一点，你也一定可以做到。

继续往下读，你就会知道该怎么做。

第三章

生气能为你带来朋友吗?

要想改变自己的想法,更好地控制愤怒情绪,你需要付出努力。你可能会想:"有必要这么费劲吗?"

问得好。

花一分钟回答下面的问题。

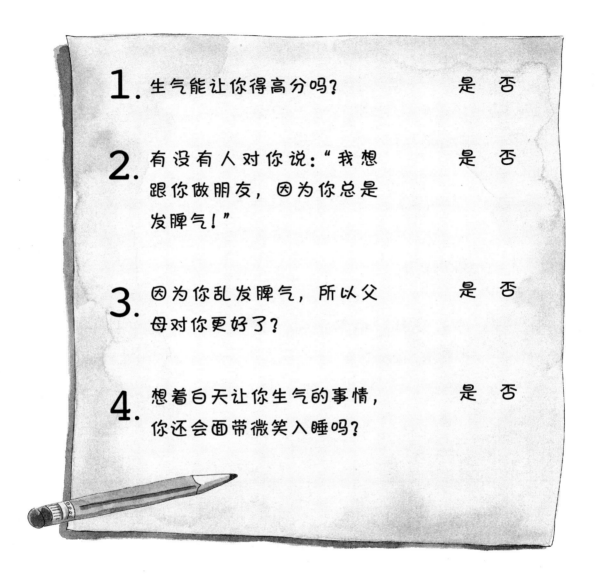

1. 生气能让你得高分吗? 是 否

2. 有没有人对你说:"我想跟你做朋友,因为你总是发脾气!" 是 否

3. 因为你乱发脾气,所以父母对你更好了? 是 否

4. 想着白天让你生气的事情,你还会面带微笑入睡吗? 是 否

如果你的回答大多数都是否,那么愤怒对你并没有任何帮助。

现在回答下面的问题。

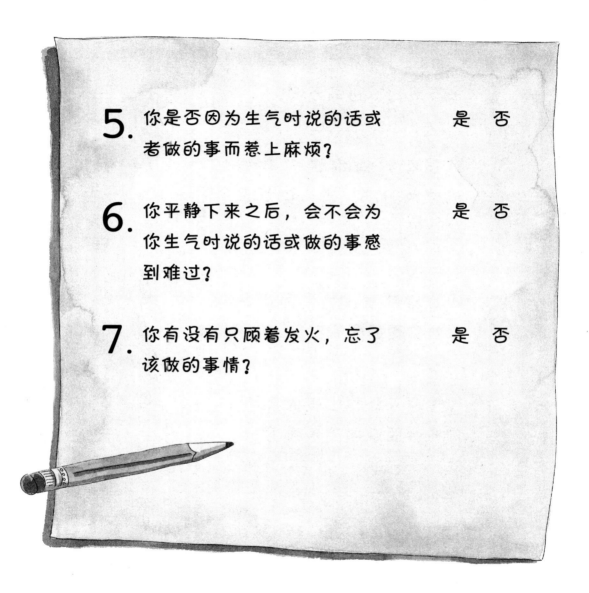

5. 你是否因为生气时说的话或者做的事而惹上麻烦？　　是　否

6. 你平静下来之后，会不会为你生气时说的话或做的事感到难过？　　是　否

7. 你有没有只顾着发火，忘了该做的事情？　　是　否

如果你的回答大部分都是肯定的，那说明生气不但没有帮助到你，反而让事情变得更糟了。

生气没有给你带来朋友,也没有让事情变容易。事实上,它会给你带来很多麻烦。所以,学会"驯服"怒气是个好主意,这样它就不会再给你带来麻烦了。

你可能会想,如果别人不来惹你,你就不会生气。这个想法可能是对的,但问题是,你无法控制别人的行为。

你无法控制别人的行为,这可不是一个好消息。

但是,好消息是,你可以让自己快乐起来。即使别人招惹了你,或者做了不好的事,你也可以学着控制自己的脾气。一般来说,能控制愤怒情绪的孩子都比较快乐。

火！火！

人们常说，愤怒就像熊熊燃烧的大火一样，非常灼热，难以控制，它会烧伤每一个靠近它的人。这个比喻很贴切，接下来我们就谈谈火。

即使从来没有真正生过火，你也可能知道怎么做。你需要一些木柴，把木柴架空一些，让木柴与空气充分接触。你还需要一些引火的东西，比如小树枝或者废纸，这些东西要容易点燃。最后，你还需要点火的东西，比如火柴。

◎ 在这个用石头围成的圈里生一堆火。

如果你想要火烧得旺一些，或者烧得久一些，你应该怎么做呢？

往火里多添些木柴，让它烧得更久；轻轻地往火上吹气，或者扇风，也能助燃。你想让火烧得更旺，就要不断往里加燃料或者送风，有句话叫**火上浇油**。

但是，如果你想让火熄灭，又该做什么呢？

如果你不管这堆火，不去扇风，不添加木柴，木柴最终会燃尽，没有什么可烧了，火自然就熄灭了。如果你想更快地扑灭火，你需要往火里浇水，有时得浇很多水，这叫灭火。水熄灭了火焰，浸湿了木头，火就很难烧起来了。

愤怒真的很像火,不是吗?有时候,一件小事就能点燃我们的怒火。愤怒可以是小火苗,很快就被扑灭,也可以是冲天大火,吞噬周围的一切。

正如你所看到的,愤怒之火是继续燃烧,还是熄灭,完全取决于你自己。

遇到让你生气的事情时，你可以选择，是给你的怒气加燃料，还是将它扑灭。

你肯定知道怎样让怒火熊熊燃烧。你只需要有很多愤怒的想法，就会更加愤怒。一些愤怒的行为，比如打人或毁东西，也会助长愤怒情绪。

但是，扑灭怒火呢？你该怎样做呢？实际上，扑灭怒火的方法有很多。

接下来的四章内容中，每一章都会教你一个扑灭怒火的方法。你可以一个一个地学，看看哪个方法适合你。

方法1：休息一下

生气时，你就像是站在一个巨大的真空吸尘器前面。

如果你在家里看这本书，可以去找找家里的真空吸尘器，我们来做一个实验（这个实验先要征得父母的许可）。如果没有真空吸尘器也没关系，接着往下看。你可以充分发挥想象力，结合你了解的真空吸尘器的相关知识，来帮助自己理解这个实验。

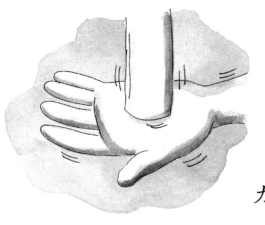

打开真空吸尘器，把手放在真空吸尘器的吸管口，你会有什么感觉？

你会感觉到一股强大的吸力，对不对？

开着真空吸尘器，但是手离开吸管口，把手移到吸管一侧，你的感觉如何？（什么感觉都没有，对吧？）

现在，再把手放回吸管口，你又会感觉到一股很强的吸力，对不对？

如果你面前有一个巨大的真空吸尘器，它启动了，巨大的吸管对着你，怎么办？它会一下就把你吸走，对不对？

如果你不想被真空吸尘器吸走，怎么办？

你有两个选择：

1. 伸手关掉真空吸尘器。

2. 离真空吸尘器远一点，以免被吸进去。

愤怒就像那个巨大的真空吸尘器，它会紧紧地吸住你。读完这本书时，你就知道如何关掉愤怒的"开关"了。现在，我们先来讨论另一种选择：离愤怒远一点。

离愤怒远一点的办法就是**休息一下**。

休息一下指的是离开发火的现场，主动走远一点，让自己能够冷静下来，更清楚地思考。

这非常有用，但做起来很难。

为什么会这样？

再想想那个巨大的真空吸尘器。你站在它前面的时间越长，感受到的吸力就越强，越难走开。你必须非常坚定和强大，才能下定决心："我要离开这里！"然后脱离它的控制范围。一旦你这样做了，事情就会变得容易多了。只要你走开，就能摆脱真空吸尘器的控制。

愤怒也是这样。你必须做出离开的决定。这并不意味着妥协，只是说你要休息一下。有很多休息的方法可以供你选择。

回自己的房间冷静一下。

去玩一会儿投篮。

看书。

跟宠物玩。

你在学校也可以休息一下，比如，去喝点水，或者在草稿纸上画自己喜欢的卡通人物。

当你很生气时，为了逃离愤怒的现场，你能做哪四件事呢？

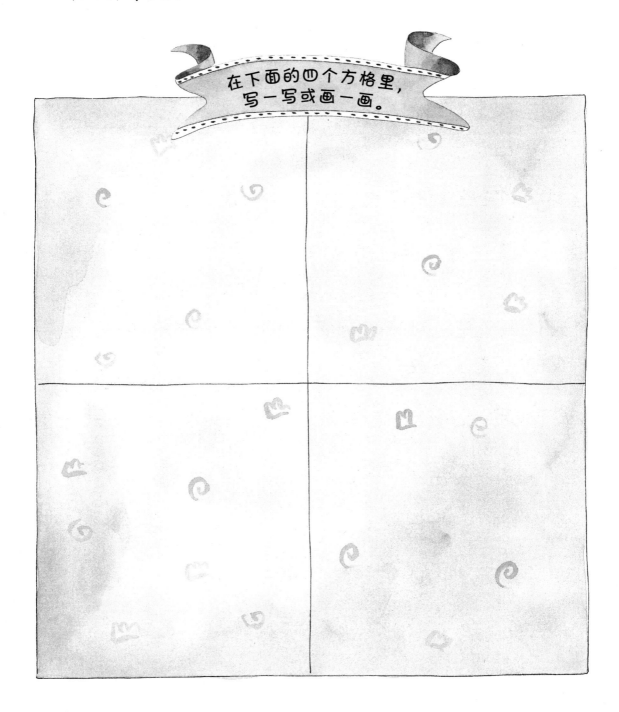

在下面的四个方格里，写一写或画一画。

当你学习管理愤怒的新方法时，练习很重要。有一个有趣的办法可以用来记录你所做的练习。

找一根长绳子，如果你生气的时候，通常会回到自己的房间，那就把这根长绳子放在房间里。每次你离开了愤怒的现场，摆脱了愤怒的控制，回到自己的房间，做了一些有趣或放松的事情后，就在这根绳子上打一个结。

当你打了10个绳结时，把它拿给爸爸和妈妈看一看，让他们和你一起庆祝一下。你可以提前决定怎样庆祝：睡前玩棋盘游戏，出去吃冰淇淋，和好朋友一起过夜。

◎ 你想要什么奖励？把你的想法写在绳结边上的方框里。

当你打了10个绳结之后,再努力完成20个绳结,甚至30个绳结。

当你生气时,想想那个巨大的真空吸尘器,它就要把你吸进去。不要站在那里一动不动,下决心脱离它的控制,离开它,去休息一下。

休息会让你的感觉更好,从而能够冷静地思考面临的问题。保持头脑清醒,就不容易陷入困扰之中,才可能想出解决问题的办法。勇敢尝试一下,你就会感受到。

方法2：冷静想法

你有没有注意到你在和自己说话？每个人都会这样，就好像我们的内心有一个小声音在评论我们所看到的一切，刚刚发生的一切，或者接下来要发生的一切。这个小小的声音正是我们的想法，它不是独立于我们自身之外的，而是构成我们的重要部分。

有些人已经意识到了这个微小的声音。如果你问他们在想什么，他们会告诉你。有些人还没有意识到这个声音，如果你问他们在想什么，他们要么耸耸肩，要么说什么都没想。但是，不管我们是否意识到这一点，我们的大脑都在不停地产生各种各样的想法。

当我们生气的时候，我们的大脑所产生的第一个想法通常是令人愤怒的。对大多数人来说，这是自然发生的事情。他们会生气，然后开始想各种与生气有关的事情。这些愤怒的想法实际上就是火上浇油，会让愤怒一直燃烧下去。

以下是一些愤怒想法。

◎ 请阅读下面描述的每种场景，然后写下你头脑中出现的第一个想法。

你在玩最喜欢的电子游戏，结果输得很惨。

晚餐时，妈妈给你盛西蓝花，你告诉她自己讨厌吃西蓝花，但她还是给你盛了。

你在学校做数学题目，遇到了不会做的题。

你的朋友说课间要和你玩,结果下课了,他却跟别的同学一起出去玩了。

每个愤怒想法都会让你更加生气。这些想法就是火上浇油,让愤怒之火越烧越烈。

这时,你可以休息一下,就像上一章学到的那样,让自己有机会冷静下来。

这就好像不去理一堆火,从它旁边走开。休息的时候,只要你不去想那些愤怒的想法,怒气就会逐渐消退,直至完全消失,这样你就可以更有效地解决问题了。

还有一个办法能帮助你早点扑灭怒火,那就是**冷静想法**。

冷静想法是在心里默念让自己感觉更好的想法。它虽然不会告诉你该怎么做,但是确实能够让你冷静下来。冷静想法相当于在愤怒想法上浇冷水,给它降温。

这里有一些冷静想法。

好吧,生气也没用,不管怎样,

我们往往试图忽视自己的愤怒想法，实际上，这么做并不太管用。但是，冷静想法却很有效，它更积极，能帮助我们扑灭心中的怒火，逐渐回归理性。

◎ 阅读下面的示例。在每个框里写一个冷静想法。你还可以参考第42页和第43页的冷静想法，或者再想出一些其他的冷静想法。

打棒球时三击不中，出局了。

妈妈大声吼你，因为你欺负弟弟了，实际上弟弟先招惹你的。

你找不到作业了，但校车马上就来了。

你非常渴,想下车买饮料,但爸爸说不能停车。

有一些冷静想法非常有趣,不过,只有当你自己想起这些冷静想法时,它们才能起作用。要是别人告诉你一个冷静想法,就不太管用,有可能会让事情变得更加糟糕。所以,假如你生气了,爸爸妈妈不应该直接告诉你一些冷静想法,相反,他们可以这样说:"你好像生气了,你现在脑海里有什么愤怒想法呢?也许你能想一些冷静想法,让自己心情好一点?"

冷静想法对于控制愤怒情绪非常有效。即使你不相信这些冷静想法,它们仍然对你有帮助。因为,你对自己说这些冷静想法的次数越多,就越可能把它们变成现实。

假如你们班要去水族馆，可是，你却和一个自己不喜欢的同学做搭档，这时你的头脑中可能会出现一些愤怒想法。

这不公平！

真烦人！

我讨厌他！

你的这些愤怒想法会变魔术般地给你换一个搭档吗？当然不会！

你的这些愤怒想法会让你享受这次班级活动吗？当然不会！

但是冷静想法会帮助你。想一想我们刚才学过的办法，想出一些冷静想法。

虽然这不是我想要的搭档，但我相信我会适应的。

你可能需要对自己多说几次这样的话。告诉自己，冷静下来，做几个深呼吸。你也可以休息一下，转移注意力，把思绪转移到水族馆里各种各样的鱼上面。

你无法制止那些愤怒想法，它们会自动冒出来。但是，你可以不让它们在脑海里继续蔓延。如果你转移注意力，用冷静想法替换它们，你的心情也会好起来。

事实上，即使没有和要好的同学做搭档，你也能适应现实。你还会发现，你完全可以应对失望和烦恼，顺利地克服情绪障碍，而且不会发生任何可怕的事情。生气只会让事情变得更加糟糕，一旦你控制住自己的愤怒情绪，糟糕的局面很快就会结束。

第七章

方法3：安全释放怒气

我们的大脑和身体协同合作，保护我们的安全。当一个冰球朝我们飞过来，或者一个玩轮滑的孩子从人行道上冲下来时，我们的大脑会马上通知身体，准备行动。我们可以低头或闪开，或者做其他动作来保护自己。

我们的大脑看到愤怒就像看到冰球一样，它们都很**危险**！当我们生气时，体内的警报就拉响了。为了保护自己，我们的心跳会加速，肌肉也做好了行动的准备。愤怒想法会为我们的身体增加"燃料"，就像木柴助燃一样。我们的愤怒想法越多，我们就越觉得暴躁、紧张和生气。

对一些孩子来说，愤怒会很快从一种想法变成全身的感觉。他们的呼吸方式改变了，变得更浅；他们的肌肉绷紧，好像一股能量输进了身体，他们觉得自己快要爆炸了；他们必须得做些什么，比如踢、砸或撕碎东西，才能把怒气发泄出去。

怒气积聚在心中，这种感觉很可怕。冷静想法有助于管理愤怒，但有时候只用这个方法还不够。当愤怒传遍全身，怒气在身体里横冲直撞，它就需要释放出去，这样身体的感觉才会好一些。

有些孩子试图通过发怒来释放怒气。

他们大声喊出令人生气的话。

他们还会做出伤害别人的行为。

但这样的释放方式让孩子发现，自己的怒气依然很大，感觉依然很糟糕。这是因为，这些方式并不能真正释放怒气。它们只是我们表达愤怒的方式，对我们没有任何帮助，还可能给我们带来麻烦。

人们有时会建议用"安全"的方式表达愤怒情绪，比如，打枕头或者在心里尖叫。要是你曾经试过，就会知道，这些方法并不太管用。因为它们仍然是愤怒的行为，当你这么做时，你的大脑仍然在**咆哮**，你的身体还源源不断地产生愤怒的能量。

你需要的不只是一种表达愤怒的方式，而是真正地释放。用正确的方式释放怒气，既能让怒气跑出去，又不会伤害人或者物品，还不会让自己惹上麻烦，你的心情也会好起来。

释放怒气的方式有两种：一种是积极运动，让你的身体快速活动，让愤怒的能量尽快燃尽；另一种是身体放松，让怒火慢慢熄灭。接下来，我们就了解一下这两种方式。

积极运动

你已经知道，愤怒就像是你身体里的燃料。你要想摆脱它，就需要让它烧完。燃烧愤怒能量的一个方法就是运动，节奏越快越好，比如，骑自行车，做开合跳，或者跟你的狗一起跑步，还可以随着音乐跳舞。

你如果能专注于这些跟生气完全无关的运动，就能够有效地释放怒气。你可以在心里默默地数数，或者想象跟自己最喜欢的超级英雄一起探险，或者大声唱歌，又或者重复地说一个词。

记住,这个方法不同于休息一下。休息一下是安静的活动,比如玩拼图或者看书。如果愤怒席卷了全身,休息一下对你帮助不大。想让怒气尽快释放,你要想办法让身体动起来,心跳加快,锻炼肌肉,出一身汗。想一些需要花费10~15分钟时间的活动,尤其是好玩的活动,会耗尽你身体里的愤怒能量,从而让你的心情好起来。

你可以提前想一想你生气的场合,以及做哪些活动有助于你释放怒气。比如,在学校里生气的时候,经过老师允许,可以去跑楼梯;在家里生气的时候,可以骑自行车或者绕着小区跑步。

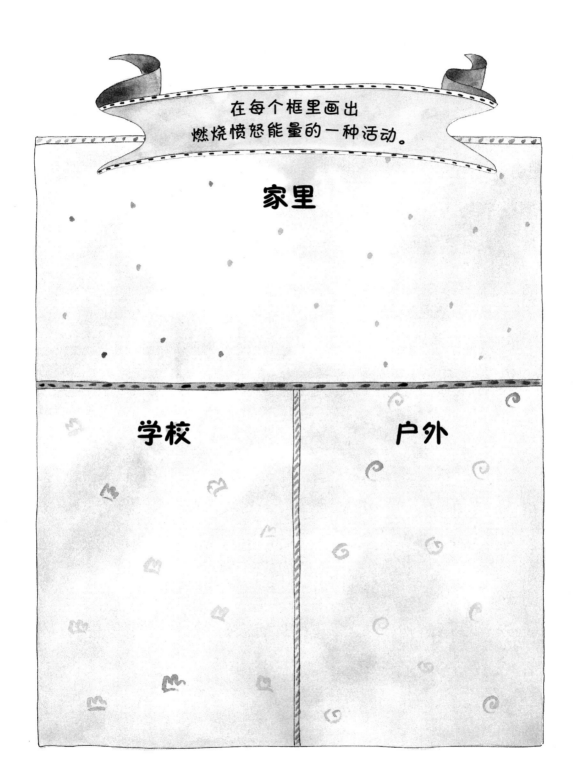

放松法

当愤怒的能量在你的身体里奔腾涌动时,你可以通过积极的运动燃烧掉它,也可以做一些安静的事情让它减速。减速方式能够让人放慢节奏,身体得到放松,而且比较私密,十分方便。你在任何时间、任何地点都可以进行。

呼吸是每一个减速方式的重要组成部分。深呼吸有利于放慢心跳速度,让身体感觉更舒畅。我们先来了解一下呼吸。

人人都知道怎样呼吸。你每时每刻都在呼吸,根本不用经过大脑思索。但实际上呼吸有很多种方式:你可以用鼻子吸气,也可以用嘴吸气;你可以用鼻子呼气,也可以用嘴呼气;你可以进行频率快而浅的胸式呼吸,也可以进行腹式深呼吸。你可以尝试不同的呼吸方式。

最能放慢身体节奏的呼吸方法是，先闭上嘴巴，用鼻子深吸一口气，就好像你走进了面包店，使劲闻刚出炉的饼干香味。一边深吸气，一边在心里默默地数到3。

呼气时，闭上嘴巴，让空气从鼻孔呼出。如果你习惯用嘴呼吸，这对你来说可能有点难。多练习几次，你可能就会掌握其中的窍门。呼气时，在心里默默数到4，让呼气的时间比吸气的时间稍微长一点。

每次呼吸完成后，停一下再开始下一次呼吸。记住用鼻子吸气（数到3），呼气（数到4）。如果你呼气时需要将嘴稍微张开一点，好让更多的空气呼出来，这样也没问题。只是要记得，吸气时要把嘴巴闭上。

有的孩子喜欢在呼吸时想象一些场景。每次吸气时，你可以想象自己正在吸入最喜欢的气味，闻到＿＿＿＿＿＿＿＿＿（写下你喜欢的气味），呼气时，将一切暴躁、愤怒的情绪呼出去。想象一下，你最喜欢的气味一点一点地填满了胸腔，怒气慢慢地离开了你的身体。

有的孩子喜欢数数，呼吸时用数数来清空脑海里的其他想法。

两种方式都很好，重要的是摆脱让你生气的事情，把注意力集中到呼吸上。

慢下来的第二部分需要身体的其他部位加入进来。你可以尝试接下来的这三种方式，看看哪一种最适合你。

1. 伸展

将双臂向上举过头顶，指尖朝上，尽量举高。吸气（默数1-2-3），呼气（默数1-2-3-4）。

把手分别放在两边的肩膀上，肘部向外，身体转向一侧，同时吸气；身体转向另一侧，同时呼气。这样来回转动身体，每一次转动都要让身体得到轻微的伸展，保持呼吸节奏（吸气时默数1-2-3，呼气时默数1-2-3-4）。

将双手在背后扣紧，俯身，手臂向上举，轻轻伸展。吸气（默数1-2-3），呼气（默数1-2-3-4），做两次。

伸直身体，将手放在身体两侧。轻轻地将头转向一侧，再转向另一侧。保持上面提到的呼吸节奏，这样多做几次。

2. 挤压

抱着一个枕头，深呼吸，让肺中充满空气。（记住，要用鼻子吸气。）

吸气的时候，尽全力挤压枕头。即使抱着的枕头很小，你也要用全力挤压它。双臂抱紧枕头，咬紧牙关，绷紧腿部肌肉，让整个身体都处于绷紧的状态，默数1-2-3。

接下来，松开枕头，同时呼气，全身放松，并默数1-2-3-4。

放松的时候，慢慢地深呼吸，吸气（默数1-2-3），呼气（默数1-2-3-4）。

然后再抱紧枕头，同时吸气。

反复做五次：吸气时抱紧枕头并绷紧身体，呼气时身体放松，慢慢深呼吸，然后重复这一过程。

3. 拍打

双臂交叉放在胸前。

先用左手轻拍右肩,然后用右手轻拍左肩。拍的时候计数,每说一个数字,就轻拍一次。

慢慢地呼吸,但不要数呼吸的次数,而要数拍的次数。

继续——右、左,右、左,右、左,来回一遍又一遍地拍,直到拍到100次。

双臂保持交叉姿势,再呼吸两次,要慢慢地、放松地呼吸,用鼻子呼气、吸气。吸气(默数1-2-3),呼气(默数1-2-3-4),停一会儿;吸气(默数1-2-3),呼气(默数1-2-3-4),停一会儿。

然后重新开始轻拍肩膀,一直拍到100次。

在没有生气的时候，你可以提前练习这些放松法。接下来的一周，选一个你喜欢的放松法，每天练5~10分钟。要在空闲的时候练习，不要等到真正生气的时候再练习。

下一周，可以先做10分钟的运动，让心跳加速，接下来就开始练习你选中的放松法。这样练习可以帮助你学会放慢心跳，让身体平静下来，而这正是你生气时所需要的。

练习对你来说可能有点无聊，你可能想跳过这一步。但是如果你没有预先练习，这些方法的效果就不会太好。你可以请爸爸或妈妈跟你一起练习。（父母也需要学会冷静下来！）你们可以一起做一些好玩的事情。

练习两周之后，你就可以在生气时自如地运用某种放松法了。你会发现，这个方法的确能够让你的内心平静下来。

在接下来的两周里，你想练习哪种方法呢？

◎ 写在这里吧：_____

身体放松练习

第1天练习	第2天练习	第3天练习	第4天练习	第5天练习	第6天练习	第7天练习
☐	☐	☐	☐	☐	☐	☐

记住：第2周练习前，要做一些热身活动。

第8天练习	第9天练习	第10天练习	第11天练习	第12天练习	第13天练习	第14天练习
☐	☐	☐	☐	☐	☐	☐

方法4：解决问题

当你生气的时候，通往大脑思维的门就好像突然关上了，你所能看到或感受到的只有**愤怒**。让你保持理智并想办法解决问题的那部分大脑被锁在了门外。这就是为什么用来释放怒气的活动

方式和放松法如此重要。它们能够调整我们的身体系统，让身体平静下来，重新打开通往大脑思维的门，让你可以切实地解决问题。

当你冷静地思考一下，你就会发现，面对问题通常有两种选择：一种是解决问题，一种是绕开问题、继续前进。当通往大脑思维的门完全打开时，你就能够使用已经掌握的知识和技巧来解决各种问题。

解决问题

解决问题意味着要正面应对它,也就是决定做一些事情让情况得到改善。

为了解决问题,你需要冷静地表达自己的想法。大喊大叫没有用,但是聊天会有所帮助,尤其是心平气和地聊天。聊天的第一步是要说出自己遇到的问题是什么,这比较容易,大多数孩子都清楚地知道自己遇到的问题是什么。

下面是一些你可能会遇到的问题。

你想看一个电视节目,但节目的播出时间太晚了,你很想熬夜看。

你想骑车,但是朋友想玩捉迷藏。

你想玩妹妹的滑板车，可她不让你玩。

你正在做语文作业，弄不懂副词是什么意思。

下一步是考虑一下你想要什么。这部分有点难，因为你想要的和实际得到的可能不一样。

这时就需要灵活处理。灵活处理意味着你能接受与你想要的有点不同的东西。这是一种创造性地解决问题的方式，而不是一筹莫展。一旦你学会了，面对问题就不会再一筹莫展，感觉也会很好。

这里有一些相应的例子，每个例子里，你想要的和得到的都不一样。试试看，你能否想到一个灵活的解决办法。

课间休息时，你喜欢踢足球，但大家忘了带足球。

灵活的解决办法：_____

你想去吃炸鸡，可是家人们想去吃别的菜。

灵活的解决办法：_____

玩电脑游戏，你快赢了，可是该轮到妹妹玩了，她一直在等着呢。

灵活的解决办法：_____

现在你已经可以灵活地思考问题了，回到上面的三个问题，看看自己能不能再想出两个解决办法。为一个问题想出很多解决办法，这被称为**头脑风暴**或**集思广益**。

有时人们喜欢你提出的解决办法，所以愿意接受你的意见。但有时候你想要的和别人想要的完全不同。当这种情况发生时，就只能相互妥协。

相互妥协是指每个人都能被满足一部分要求，或者满足与最初要求类似的要求。每个人都做出让步，有助于大家达成共识，得到大家相对满意的结果。即使没有得到你全部想要的东西，但妥协也是一个解决问题的好办法，比不解决问题要好。

看看你能不能为以下问题想出妥协的方案。

你饿了，家里规定饭前不许吃零食。

妥协方案：_____

你想玩轮滑，但是朋友想要去骑马。

妥协方案：＿＿＿＿＿＿＿＿＿＿

你想去外面玩，但妈妈说该写作业了。

妥协方案：＿＿＿＿＿＿＿＿＿＿

妥协是双方都没有完全得到最初想要的东西，但每个人都得到了部分想要的东西。

当你灵活思考、集思广益并且愿意妥协时，问题就比较容易和平解决。这种解决问题的方式会让你感觉舒服一些，别人也更加愿意和你在一起，你也会更快乐。

继续前进

继续前进意味着,即使这个问题没有真正解决,你也下定决心不再继续思考它了。你可以给自己一个微笑,放下这件事情,接着做下一件事,不必为此抱怨或者耿耿于怀。

例如,想象一下追人游戏:课间10分钟,天气凉爽,很适合跑着玩,你跟同学商量好玩追人游戏。你追,他们跑,你跑得像风一样快,追到了一个同学,不过大家都围过来争论,你是"抓"住了他的胳膊还是衣服,以及抓住哪个才算数。这时候,你真的愿意停止游戏,跟大家争论来解决问题吗?

可能不会。因为继续玩游戏会更有趣。你可以继续去追别人,追到后,再换人来追大家。有时候,最好的办法就是接受已经发生的事情,继续做后面的事。

决定继续前进意味着完全放下当前的问题，不要发脾气，不要生闷气，不要怨恨，不要胡思乱想，不要喋喋不休地谈论它。继续前进不是放弃，也不是认输。在有些场合，继续前进是你能做的最明智、最有效的事情，因为你决定不浪费时间和精力去应对一些无足轻重的事情。

下面的一些话你可以对自己说，提醒自己不必为一些小事斤斤计较。除了这些自我暗示的话以外，你还能想出别的什么话吗？

学会将一些事情放下，你的感觉就会很好，你试试就知道了。

什么时候要解决问题，什么时候放下问题继续前进，这都取决于你。在很多情况下，两种做法都对。

请看看下面这些问题，你可以决定哪些问题需要通过跟别人沟通，达成一致意见来解决，哪些问题不需要理会，只需要继续做下一件事情。你会怎么选择呢？请把你的答案圈起来。你还可以跟爸爸妈妈谈谈你的选择。

你在饮水机前排队，突然有人插队。

解决　　继续前进

你的朋友答应过课间和你一起荡秋千，可是下课了她跑去踢球了。

解决　　继续前进

妈妈刚下班回到家,就因为一件事情而严厉地批评你,其实她冤枉了你,这件事不是你做的。

  解决 继续前进

  你的好朋友说,他无法参加你的生日聚会了。

  解决 继续前进

你正在做一件事,爸爸却喊你出去扫树叶。

  解决 继续前进

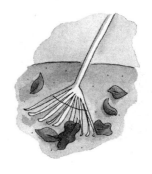

哥哥给你起了一个绰号,故意气你。

  解决 继续前进

当你能比较好地解决问题，或者下定决心把问题搁在一边继续前进时，你会发现自己已经不再像以前那么容易生气了。你知道自己能够处理遇到的各种问题，因此脑海中就不太可能产生愤怒想法，而这些想法过去总是给你带来麻烦。你不再去想"不公平"或者"他是故意的"，相反，你会思考一些更有价值、更有效的冷静想法。

每天花一点时间跟爸爸妈妈聊一聊你处理得非常好的问题。

◎ 你是如何让自己保持冷静的？

◎ 你是怎样解决这个问题的？

◎ 你把问题搁置在一边，继续前进了吗？

◎ 你感觉如何？

第九章

找出导火索

如果你一直在练习这4种扑灭怒火的方法，你就会注意到，你不像以前那样容易发脾气了。这种感觉不错吧？

这并不意味着你再也不生气了。人人都有生气的时候，因为生活中总会有让我们生气的导火索。导火索是引起某种反应的东西，就像挠脚心会让人忍不住哈哈大笑，或者花粉让人打喷嚏。一个生气的导火索会引发愤怒想法，从而让人发脾气。

以下是一些孩子列出的引发怒气的导火索。在那些惹你发火的导火索旁边的方框里画√，还可以在下面的横线上补充其他会让你生气、大发脾气的事情或情景。

愤怒的导火索

☐ 被嘲笑。　　　　☐ 写作业。

☐ 别人吃东西时
　　声音很大。　　　☐ 感觉时间很紧张。

☐ 输了游戏。　　　☐ 被吵醒。

_____　　_____

_____　　_____

_____　　_____

如果你知道引起自己愤怒的导火索有哪些,就能够减少这些导火索频繁地出现。

举个例子,你快做完一件事情了,但这时,有人一直过来提醒你该放下手头的事情,这会让你非常生气。你可以让爸爸妈妈提前10分钟来提醒你结束,给你一个缓冲时间,这样你就不会感到自己总是被打扰了。做事时被人打扰是引发你生气的导火索,但你已经想出了一些办法,降低了它出现的频率。

选择一个让你生气的导火索，想一想能否找到应对它的办法。你可以问问自己以下问题：

◎ 这个导火索是什么？

◎ 要怎样做才能阻止这个导火索总是出现？

例如：

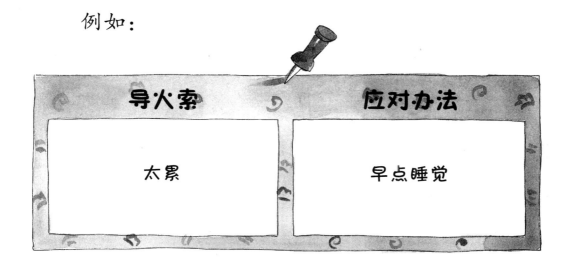

把你想出来的导火索和应对办法填到下面的表格中。

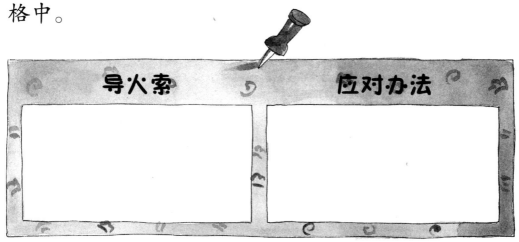

但是有些导火索无法避免，因为它们完全不受你的控制，比如，被嘲笑，输掉了比赛。对于这些导火索，你可以练习一些冷静想法，它们能够让你保持镇定。

例如：

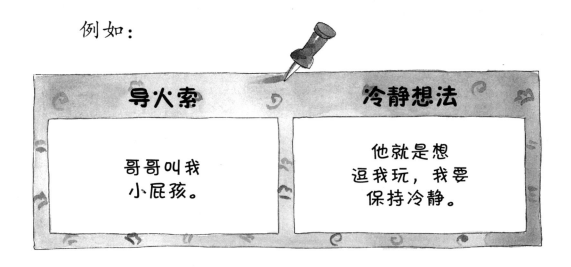

导火索	冷静想法
哥哥叫我小屁孩。	他就是想逗我玩，我要保持冷静。

◎ 选一个你无法控制的导火索，把它写在下面。

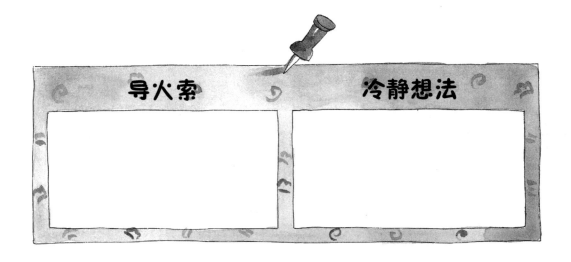

导火索	冷静想法

当你生气时，使用一种扑灭怒火的方法。然后，等你冷静一些时，想想是什么事情让你生气。如果你注意到同样的导火索一再出现，就要想一想能否制订一个计划，帮助自己避开这个导火索，或者即使它出现了，你也能够保持冷静。

第十章

有人故意惹怒我，怎么办？

你可能已经发现了，有些导火索就是会不受控制地出现。你可能碰巧在朋友生日那天生病了；你的篮球课被调课，刚好跟你最喜欢的画画课冲突了。有时候，一些令人沮丧的事情就是会突然发生，这并不是任何人的错。

但是，有些导火索明显是别人引发的，比如，老师留了大量作业，而爷爷奶奶恰好在这一天要来看你；妈妈没有时间洗衣服，你要穿的衬衫还是脏的。

当导火索因别人而起时，先停下来问问自己，他们是不是故意的，是不是成心想激怒你？妈妈没有洗衣服是故意不让你穿那件衬衫吗？老师留作业是故意要影响你和爷爷奶奶见面吗？他们这么做是想让你生气吗？很多时候，答案都是否定的。

有些人点燃了惹你生气的导火索，但你知道他们并非有意要伤害你。这时，你可以冷静地想一想，是解决问题，还是把问题放在一边，继续前进。

但有些人故意点燃了惹你生气的导火索，情况就完全不同了。这种情况确实会发生，有些人故意做一些令你生气的事情，就是为了激怒你，惹你生气。

比如，你讨厌被嘲笑，却有人偏偏爱嘲笑你，这个人或许是你哥哥，或许是一起踢球的队友；你想让老师更加喜欢你，班上同学偏偏去老师那里打小报告，说你上课时故意捣乱。

当有人故意点燃你生气的导火索时，你会想要报复他。一个人伤害了我们，我们就去伤害他，这被称为**以牙还牙**。虽然这样看上去公平些，但它只会让愤怒延续下去。

这就像一场抛球游戏。有人对你刻薄，你还回去，他们继续对你刻薄，这样来来回回，没完没了。不过，这场游戏中抛的是个刺球，每次扔出去，接住，都会让人感觉很疼！

想一想，当有人扔给你一个球时，你可以选择，对不对？你可以接住球，再把它扔回去，也可以决定不玩这个游戏。

如果你决定不玩，那么让球直接落地。这是个糟糕的游戏，而你还有更有意义的事情要做。

所以，当有人对你刻薄时，你不必去接这个"恶意"的球，想象一个刺球向你飞来，啪的一声落在你脚前面。

没必要让它砸中你，也没必要把它捡起来，就让它躺在那里吧！不用理会它。

冷静地想一想，然后走开。

怎样才能做到不接"恶意的球"呢?我们举个例子。

假设午餐时你和朋友正在开玩笑。有人把手指插进布丁里,然后把布丁渣抹在了桌子上,说:"哇,快看,桌子长水痘了!"你的盘子里还有一些剩下的番茄酱,大家都知道水痘应当是红色的,于是你就把番茄酱点在了布丁渣上,让它们看起来更逼真。这本来没什么,而且你们吃完午餐后也会把桌子打扫干净。可是,有个同学跑去老师那里打小报告,午餐监督员走了过来。

想一想之前学过的东西。因此,你首先要冷静下来,告诉自己:"我可以保持冷静。"你认识到这个问题需要解决,于是你道了歉,并且主动把桌子收拾干净。收拾完之后,午餐监督员还是罚你在餐桌前静坐5分钟。5分钟过后,你离开餐厅,这时还剩下一半午休时间,你看见朋友们在打壁球,于是马上跑过去和他们一起玩,那个打小报告的人也在玩。

这时，你会用球砸他，然后说自己不是故意的吗？你会让他一直接不住球，没办法玩吗？你会叫他"爱打小报告的人"吗？你会嘲笑他打球的姿势吗？

以上行为都是报复，都是不对的。最佳选择是开心地玩游戏，在游戏中释放愤怒的能量。告诉自己，餐厅的事情已经过去了。如果你实在不想跟打小报告的同学玩球，那就换一个游戏玩，比如去踢球。

决定不去报复可以让你掌控局面。那些觉得你生气很有趣的人，还有那些曾经惹你生气的事情，就再也不能影响你的情绪，让你生气了。

现在，你正坐在汽车的驾驶座上，掌控了人生的方向盘，心情平静地绕开了讨厌的事情，欣赏着美好的风景，朝着自己想去的地方前进。

加长导火索

你可能总是突然就发脾气，别人常说你"一点火就着"。这有点像你在动画片里看见的那种炸药，有时候炸药的导火索很短，点火后炸药很快就**爆炸**！

但是有时候，动画片里的炸药有一根很长的导火索，它绕过石头、湖泊、山洞以及各种各样的东西，不停地延伸着，只有把它烧完，炸药才会爆炸。因此，主人公有的是时间做各种有趣的事情，比如

逃离爆炸现场，或者沿途设置各种奇特的障碍物。

那些导火索短的人很容易就大发脾气。但是，如果导火索很长，他们就有时间去思考、深呼吸，然后决定该做什么。长长的导火索可以让人在无法控制怒气之前有时间处理自己的愤怒，在发脾气前扑灭怒火，避免爆炸。

你在这本书中学到的方法可以加长你的导火索，休息一下，想出一些冷静想法，安全地释放怒气并解决问题，这些都会加长你的导火索，使得爆炸不会发生得那么快，甚至不会发生。

你还可以做其他的事情来延长你的导火索。比如，下面的这些事情有益健康，也很有趣，而且你可以天天做。

积极参加运动是延长身体导火索的好方法，它能够帮助你释放积聚的紧张和压力，烧掉积蓄在体内的愤怒情绪。

每天尽情玩耍或者运动半个小时，会帮助身体产生一种能量，让我们感到快乐和强壮，还可以帮助我们处理遇到的问题，而且这样做你也会很开心！

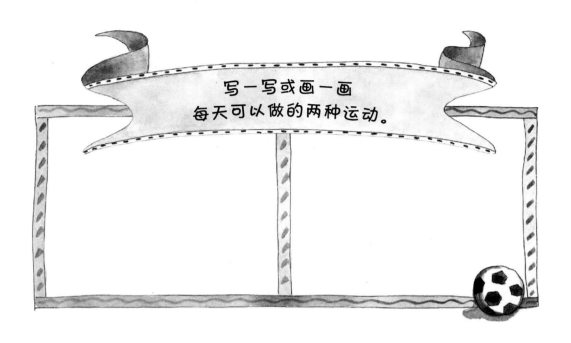

健康的饮食也可以延长你的导火索，就像优质的燃料可以让车的引擎运转良好一样，健康的食物也能够让身体更好地运转。当你精力充沛、身体处于最佳状态时，你就能更好地应对各种困难。

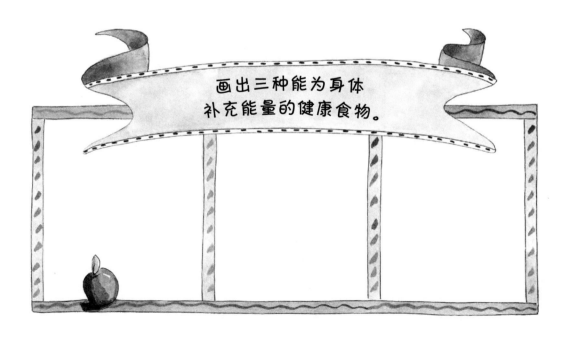

充足的睡眠也能够延长你的导火索。当你休息好时,你就能更容易保持冷静,应对烦恼。学龄段的孩子每晚需要9~11个小时的睡眠时间。

◎ 在右边的钟表上标出上学时的入睡时间。

在左边的钟表上标出上学时的起床时间。

◎ 算一算,你每晚睡几个小时?

◎ 如果你的睡眠时间不够,就和爸爸妈妈聊一聊,制订一个计划,看看如何保证自己的睡眠时间。

留出空闲时间做有趣的事情也可以延长导火索，因为放松和享受生活都可以帮助你应对人生道路上的各种坎坷，也就是人人都会遇到的挫折和不公平。

画一画你空闲时的娱乐活动。

第十二章

你能做到！

你正在成为控制愤怒的专家。如果你一直都在练习这本书中讲到的方法，那么你就能更好地掌控人生的方向盘。

即使事情没有如你所愿，你也能坚持走下去。你知道如何绕过难题，或者解决难题。你能控制好自己的情绪，尽管这不容易。

祝贺你！

你在这本书里学到的扑灭怒火的方法不只是适合儿童。那些情绪稳定的大人，他们总能保持冷静、和善，不轻易发怒，令人尊敬，他们也在用这些方法。

这些方法能让你一辈子受用不尽，你长大后也会成为令孩子们尊敬的大人，一个保持冷静、有趣又和善的人。

你要做的就是记住那些扑灭怒火的方法。

扑灭怒火的方法

- 休息一下。
- 冷静想法。
- 安全地释放怒气。
- 解决问题或者继续前进。

自我控制的感觉很好，它能让你更容易到达你想去的地方，领略沿途的风景。

把你自己画上去,
你已经把怒火抛在后面。

感觉真是太棒了!